BEI GRIN MACHT SICH IHR WISSEN BEZAHLT

- Wir veröffentlichen Ihre Hausarbeit,
  Bachelor- und Masterarbeit

- Ihr eigenes eBook und Buch -
  weltweit in allen wichtigen Shops

- Verdienen Sie an jedem Verkauf

Jetzt bei www.GRIN.com hochladen und kostenlos publizieren

Bibliografische Information der Deutschen Nationalbibliothek:

Die Deutsche Bibliothek verzeichnet diese Publikation in der Deutschen National-
bibliografie; detaillierte bibliografische Daten sind im Internet über http://dnb.d-
nb.de/ abrufbar.

Impressum:

Copyright © 2018 GRIN Verlag
Druck und Bindung: Books on Demand GmbH, Norderstedt Germany
ISBN: 9783346003607

Dieses Buch bei GRIN:

https://www.grin.com/document/492959

Daniel Steffen

Prinzipien und Anwendungen des Korrosionsschutzes. Beschichtung von metallischen Objekten

GRIN Verlag

GRIN - Your knowledge has value

Der GRIN Verlag publiziert seit 1998 wissenschaftliche Arbeiten von Studenten, Hochschullehrern und anderen Akademikern als eBook und gedrucktes Buch. Die Verlagswebsite www.grin.com ist die ideale Plattform zur Veröffentlichung von Hausarbeiten, Abschlussarbeiten, wissenschaftlichen Aufsätzen, Dissertationen und Fachbüchern.

Besuchen Sie uns im Internet:

http://www.grin.com/

http://www.facebook.com/grincom

http://www.twitter.com/grin_com

Beschichtung von metallischen Objekten

Grundlagen des Korrosionsschutzes

Teil 1

Steffen, Daniel

Inhalt

2

1. Prinzipien und Anwendungen des Korrosionsschutzes

Im Korrosionsschutz kann unterschieden werden zwischen den Korrosionsprozessen die **ohne mechanische Beanspruchung** ablaufen und Korrosionsprozessen die **mit mechanische Beanspruchung** ablaufen. In der Übersicht (Abb.1), werden die einzelnen Erscheinungsformen dargestellt.

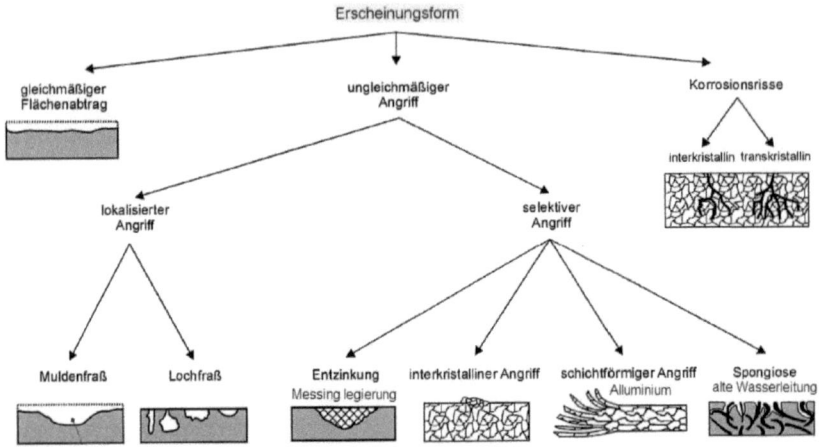

Abb.1 Übersicht Erscheinungsform

1.1 Örtliche Korrosion ohne mechanische Beanspruchung

1.1.1 Flächenkorrosion (Gleichmäßig)

In der **DIN 50900, Teil 1** wir die gleichmäßige Flächenkorrosion als eine Korrosionserscheinung mit annähernd gleichmäßigem Angriff bzw. Abtrag auf der gesamten Werkstoffoberfläche definiert. Der angegriffene Sektor, entspricht der Berührungsfläche des angreifendem Medium. Damit die Beurteilung von Erscheinungsformen vorgenommen werden können, müssen Deckschichten (Korrosion von Stählen) entfernt werden. Inhibierte Salzsäure wird genutzt, um un- und niedriglegierte Stähle von anhaftenden ostschichten zu befreien. Da einige Korrosionsangriffe bei der visuellen Betrachtung gleichmäßig aussehen, kann man bei der Betrachtung mit dem Rasterelektronenmikroskop diese durchaus genauer lokalisieren und die Erscheinungsform wahrnehmen. Die Angabe von Abtragsraten bei Korrosion, erfolgte in der Einheit g/m² * h bzw. mm/a.

1.1.2 Lochkorrosion

Die am häufigsten auftretende Korrosion an passiven Metallen ist die Lochkorrosion.

Bei dieser Korrosionsart erfolgt der Angriff kraterförmig, die Oberfläche unterhöhlend oder in Form nadelstichartiger Vertiefungen. Es liegt kein Flächenabtrag außerhalb vom Lochfraßstellen vor. In der Regel, ist die Tiefe gleich oder größer als der Durchmesser. Bedingt durch das ähnliche aussehen, ist eine Unterscheidung zwischen der Lochkorrosion und der

Muldenkorrosion schwierig. An Werkstoffen wie z.b. austenitischen Chrom-Nickel-Stählen in Chlorid haltigen kann Lochkorrosion häufig auftreten. Die Lochkorrosion kann aber auch auftreten, wenn die Beschichtung beschädigt wurde. Es ist zu beachten, dass die Form der Löcher unterschiedlich sein kann. Sobald Passivschichten lokal zerstört sind, beginnt der Lochfraß. Die häufigsten Angriffsstellen, sind Schnittkanten oder Kratzer der Werkstoffoberflächen bzw. Einschlüsse im Werkstoff. Durch eine entsprechende Oberflächenbehandlung durch ein Beschichtungssystem kann eine verbesserte Beständigkeit erzielt werden.

1.1.3 Muldenkorrosion

Sobald ein gleichmäßiger Flächenabtrag an einen Bauteil vorhanden ist, handelt es sich um die Korrosionserscheinung Muldenkorrosion. Bei der Muldenkorrosion ist der Durchmesser größer als ihre Tiefe. Eine Ursache für die Muldenkorrosion ist eine örtlich unterschiedliche Korrosionsbelastung wie z.b. Konzentration der Medien, unterschiedliche Strömungsgeschwindigkeiten oder unterschiedliche Temperaturen. Der Abtrag erfolgt muldenförmig bis zum anschließenden Durchbruch oder bis zum mechanischen Versagen des Bauteils. Die Korrosionsgeschwindigkeit ist in der DIN 50905 nachzulegen.

1.1.4 Spaltkorrosion

Spaltkorrosion findet häufig in konstruktionsbedingten Spalten statt. Diese werden durch physikalischen, chemischen und elektrochemischen Besonderheiten der Spaltsituation hervorgerufen. Die Kritische Spaltenbreite liegt bei 1mm.

1.1.5 Kontaktkorrosion

Die Kontaktkorrosion tritt immer dann auf, wenn mindestens zwei metallisch leitend miteinander verbundenen Metalle, die in der gleichen Elektrolytlösung verbunden sind. Einige Beispiele für die Kontaktkorrosion sind z.B. Mischinstallationen im Sanitärbereich oder in Verwendung von verschiedenen Materialen. In der Regel, löst sich das unedlere Metall vor dem edleren Metall auf.

1.2 Örtliche Korrosion mit mechanische Beanspruchung

Für die zuvor beschriebenen Korrosionsarten, benötigten für ihre Entstehung keine äußere mechanische Beanspruchung. Treten jedoch mechanische oder elektrochemische Beanspruchungen auf, so weißt es auf folgende Korrosionsarten hin.

1.2.1 Spannungsrisskorrosion

Eine Spannungsrisskorrosion ist dann gegeben, wenn die folgenden Faktoren zusammenwirken

➔ Überschreiten des Zugspannungsniveaus
➔ Überschreiten kritischer Systembedingungen
➔ Überschreiten Konzentration des spezifischen Angriffsmittels

Die Folge von einer Spannungsrisskorrosion sind inter- oder transkristallin verlaufende verformungsarme.

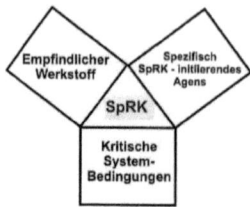

Abb. 2 Voraussetzung für das Auftreten von Spannungsrisskorrosion

1.2.2 Schwingungsrisskorrosion

Durch das Zusammenwirken von Korrosion und mechanischer Wechselbelastung entsteht Schwingungsrisskorrosion. Ein Riss bei dieser Korrosion, bildest sich verformungsarm mit meist transkristallinem Verlauf.

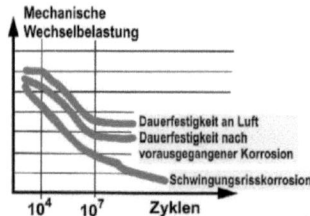

Abb. 3 Wöhler-Diagramm

1.2.3 dehnungsinduzierte Korrosion

Sowohl Schwingungsrisskorrosion als auch Spannungsrisskorrosion sind mit der dehnungsinduzierten Korrosion verwandt. Dieses ist eine örtliche Korrosion unter Rissbildung.

1.2.4 Erosionskorrosion / Kavitationskorrosion

Beide dieser Korrosionsarten werden durch strömende Medien verursacht. Erosionskorrosion ist die Folge des Zusammenwirkens von mechanischen Oberflächenabtragungen und Korrosion, wobei die Korrosion durch erosive Zerstörung von den Schutzschichten oberhalb einer werkstoffbezogenen kritischen Strömungsintensität ausgelöst wird. Jeder Werkstoff kann Erosionskorrosion erleiden.

6

2. Korrosionsschutz

2.1 Kathodischer Korrosionsschutz

Der Kathodischer Korrosionsschutz wird entweder durch eine galvanische Anode oder durch ein von außen aufgeprägten elektrischen Gleichstrom erfolgen. Der Strom bewirkt eine Polarisation des Schutzobjektes in einem Potentialbereich, in der die Korrosionsgeschwindigkeit verlangsamt wird. Diese Schutzart, kann für Rohre, Behälter etc. eingesetzt werden. Für einen kathodischen Schutz mit Hilfe von galvanischen Anoden, werden entsprechende Werkstoffe verwendet, die edler sind als das zu schützende Objekt. In der Regel ist der Werkstoff Magnesium oder Zink. Das Magnesium/Zink zersetzt sich somit zuerst.

2.2 Inhibitoren

Die Inhibitoren haben die Aufgabe, den Werkstoff so zu beeinflussen, dass die Korrosionsgeschwindigkeit auf ein technisch akzeptables Maß gesenkt wird. Die Inhibitoren reagieren mit der Metalloberfläche entweder durch Adsorption oder Chemisorption. Hierbei bilden sich dünne Schutzfilme auf der Oberfläche des Metalls.

Chemische Inhibitoren

Diese werden durch chemische Reaktionen an der Metalloberfläche gebunden, hierbei liegt die Bindungsenergie im Vergleich zu Physisorption um den Faktor 10-15 höher.

Physikalische Inhibitoren

Diese werden durch van-der-Waals-Kräfte auf der Metalloberfläche adsorviert. Im idealen Fall bildet sich ein homogener, hydrophober Film auf der Oberfläche aus.

2.3 Kurzeitiger / Langzeitiger-Korrosionsschutz

Um Werkstücke vor der Witterung etc. entsprechend schützen, können diese kurzeitig durch:

- Fette, Öle, Wachse
- Korrosionsinhibitore
- Konversionsschichten

Geschützt werden.

Eine Langzeitkorrosion wird durch metallische Überzüge, anorganische Schichten und organische Beschichtungen erreicht. Weiterhin kann man die Korrosionsgeschwindigkeit auf akzeptable Werte so reduzieren.

3. Umgebungsbedingungen

Nachdem die Applikation an einem Bauteil durchgeführt wurde, sind optimale Umgebungsbedingungen erwünscht. Ist die relative Luftfeuchtigkeit erhöht und der Luftdruck zu hoch oder zu niedrig, beeinflusst es die Qualität und man muss mit Schäden am Bauwerk rechnen. Deswegen muss auch das Beschichtungssystem an den jeweiligen Standort angepasst werden.

Für den Standort der Bauwerke, müssen die Klimagebiete, Witterungseinflüsse, Atmosphärentypen berücksichtigt werden. Die Korrosionsgeschwindigkeit wird direkt von der Umgebungstemperatur und die relative Luftfeuchtigkeit beeinflusst. Desweitern ist die Verunreinigung der Atmosphäre auch ein entscheidender Faktor, hier spielen die korrosiven Bestandteile wie Schwefeldioxid, Chloride etc. eine entscheidende Rolle. Die Atmosphäre wird in 4 gebiete unterteilt.

Landatmosphäre	Hier ist eine sehr geringe Korrosionsbelastung
Stadtatmosphäre	Hier ist entsprechend die Luft mit Schwefeldioxid angereichert
Industrieatmosphäre	Hierbei kommt der Stärkste Angriff sowohl auf Metallen als auch auf Beschichtungssystemen zustande.
Meeresatmosphäre	Ein hoher Feuchtigkeitsgehalt und Meersalz-Aerosole spielen hier eine große Rolle.

Diese verschiedenen Atmosphärentypen sind bei dem Beschichtungssystem zu beachten.

Neben den Atmosphären werden die Umgebungen auch noch in entsprechende Umgebungsbedingungen eingeteilt. Um die Korrosionsbelastung der örtlichen Umgebungsbedingungen abschätzen zu können werden Standardproben aus niedrig legiertem Stahl und Zink entsprechend ausgelagert

C1	Unbedeutend
C2	Gering
C3	Mäßig
C4	Stark
C5 – I	Sehr stark (Industrie)
C5 - M	Sehr stark (Meer)

Ausführliche Informationen sind entsprechend in der Norm DIN EN ISO 12944-2 nachzulesen.

Das Korrosionsverhalten in Wasser ist abhängig von der Art des Wassers, wie etwa Süßwasser, Salzwasser oder Brackwasser, vom Sauerstoff und von den gelösten Bestandteilen.

Im Stahlbau werden drei unterschiedliche Zonen definiert.

→ Unterwasserzone, diese Zone ist ständig vom Wasser unterspülte. Dadurch das das Bauwerk Unterwasser ist, ist der Sauerstoffgehalt geringer und somit sinkt auch die Korrosionsgeschwindigkeit.

→ Wechselwasserzone, diese ändert sich durch Schwankungen des Wasserspiegels sie können sowohl künstlich als auch natürlich sein.

➔ Spritzwasserzone, hier wird das Bauwerk regelmäßig durch Wellenschlag und Spritzwasser befeuchtet. Zusammen mit der atmosphärischen Belastung, wird hier eine besonders hohe Korrosionsgeschwindigkeit beobachtet.

4. Werkstoffe

4.1 Zusammensetzung der Stähle

Ein stahl setzt sich wie folgt zusammen (siehe Abbildung 4):

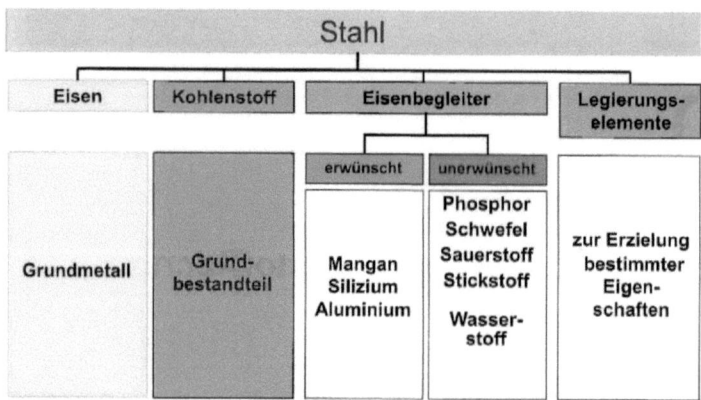

Abb. 4 Zusammensetzung Stahl

Die Herstellungsart von Stahl wird unterschieden in **kaltgewalzte Erzeugnisse** dieses umfasst alles was t < 3mm ist (Dünnwandige Erzeugnisse) und **Warmgewalzte Erzeugnisse** hier liegen die Herstellungsbedingung bei *<950°C*. Dieses führt zu Walz haut auf der Stahloberfläche, die Rostbildung begünstigen kann.

Ein Stahl mit mindestens **13% Chrom** verfügt über eine sogenannte Passivschicht. Hierrunter versteht man das sich der Werkstoff mit einer Schutzschicht versieht. Diese führ zu einer Verlangsamung der Korrosion. Die Oxidschicht oder auch **Passivschicht**, trennt Werkstoff und Medium voneinander.

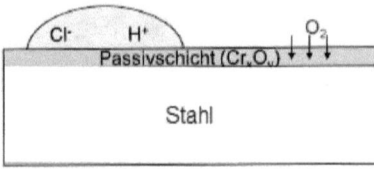

Abb. 5 Passivschicht

Alle nichtrostenden Stähle sind nur beständig, wenn die Passivschicht dich ausgebildet ist. Eine Passivschicht entsteht unter Einwirkung von Sauerstoff und ist nur wenige nm dick. Jede Oberflächenreinigung stört die Regeneration der Passivierung.

4.1 Konstruktion

Um spätere auftretende Korrosionsschäden zu vermeiden, sollte man folgende Ursachen vermeiden:

→ Konstruktionsfehler beachten, (hierbei sollte immer die Zugänglichkeit und die Erreichbarkeit gegeben sein.

→ Falsche Auswahl von Beschichtungssystemen,

→ Falsche Auswahl von Korrosivitätskategorien

→ Falsche Auswahl von Oberflächenbehandlung

→ Ungeeigneter Werkstoff (hierbei ist darauf zu achten, dass nicht zu viele verschiedene Materialien verwendet werden. Am besten ist es, wenn nur ein Material verwendet wir)

Stahlbauteile sollten immer zugänglich und erreichbar gestaltet sein, damit das Beschichtungssystem aufgetragen, überwacht und instandgesetzt werden kann. Damit eine sichere Durchführung der instandsetzungsarbeiten etc. durchgeführt werden können, müssen Hilfsmittel hierfür schon in der Planung berücksichtigt werden. Besonderer Augenmerk sollte beim Konstruieren auf Öffnungen für Hohlkästen und Tanks gerichtet werden. Enge Abstände zwischen Bauteilen sollten möglichst vermieden werden.

4.1.1 Kanten

Um eine Beschichtung gleichmäßig aufzutragen, ist es wünschenswert, wenn geruderte Kanten eingeplant sind. Die gerundeten Kanten sollten bei r>2mm liegen. Jede beschichtung die an scharfen Kanten angebracht wird, kann zudem leichter beschädigt werde. Alle scharfen Kanten sollten deshalb gerundet oder zumindest gebrochen werden. Grate an Löchern entlang von Schnittkanten müssen vollständig entfernt werden.

4.1.2 Schweißstellen

Alle Schweißnähte sollten frei von Rauigkeit, Einbänden, Poren, Kratern etc. sein. Eine glatte Schweißnahtoberfläche muss für die Beschichtung gegeben sein,

5. Oberflächenvorbereitung

5.1 Begriffe / Ziele

Gemäß der DIN 50902 bezeichnet man alle Maßnahmen die vor dem Aufbringen einer Korrosionsschutzschicht getätigt werden als **Oberflächenvorbereitung**. Dieses dient zur Reinigung oder Veränderung der Oberfläche. Je nach Zustand der Oberfläche muss entschieden werden, wie Art und Intensität die Oberflächenvorbehandlung man wählt. Die viele einer Oberflächenvorbehandlung sind die folgenden: Minimierung (Verbrauch) des Beschichtungsstoffs, Erreichung von Schutzschichten, Erzielung einer hohen Haftfestigkeit sowie die Sicherstellung eines gleichmäßigen und ungestörten Applikationsprozesses.

Die Arten der Oberflächen sind in der DIN EN ISO 12944-4 beschrieben. Diese Norm gilt als Leit-Norm für die Oberflächenvorbereitung und Beschichtung von Stahlbauten aus unlegierten und niedriglegierten Stählen ab einer Bauteildicke von 3mm. Die Oberflächen der Stähle werden wie folgt eingeteilt:

Unbeschichtete Stahloberflächen

Warmgewalzte Stähle

Diese sind mit Walzzunder behaftet der durch Oxidation des Stahls bei hohen Temeraturen entsteht. Dieser muss vor der Applikation entfernt werden da er spröde ist und abplatzen kann.

Kaltgefertigte Stähle

Werden durch Kaltwalzen bzw ziehen umgeformt. Diese sind Zunderfrei dafür mit Ölen etc. behaftet. Diese muss vor der Applikation entfernt werden.

Stahloberfelechen mit metallische Überzüge

Thermisch gespritzt

Bauteil wird mit einer Legierung (Zink) überzogen. Die Überzüge sind rau und porös und sollten mit organischen Überzügen geschützt werden.

Galvanisch verinkt

Die Stahloberfläche wir elektrolytisch mit Zink überzogen. Es entsteht ein blau-silbriger glänzendes Aussehen. Es haftet auf der Stahloberfläche durch Adhäsion (Schichtdicke von 5μm bis 25μm)

Feuerverzinkte Oberflächen

Sie haben eine starke Haftung am bauteil und eine Schichtdicke von 55μm bis 85μm). Die Oberfläche ist meist silbrig mit Zinkmuster.

Sherardisierte Oberflächen

Es werden Zinküberzüge die ausschließlich aus Eisen-Zink-Legierungsphasen bestehen verwendet. Die Schichtdicke beträgt 20μm bis 40μm. Sie bietet einen guten haftgrund für die Organische beschichtung.

Stahloberflächen mit Beschichtung

Fertigungsbeschichtung

Es wird bereits im Anschluss an den Walzvorgang auf den Stahl aufgebracht. Diese bewirkt, das der Stahl schon bei der Fertigung vor Korrosion geschützt wird. Die Schichtdicken liegen bei 15μm bis 25μm

5.2 Bewertung und Prüfung des Oberflächenzustands

Die Qualitätsbewertung erfolgt im Ausgangszustand und nach der Oberflächenvorbereitung. Für Stahloberflächen mit Überzügen existierten keine Bewertungskriterien. Die Oberflächenrauigkeit ist zu prüfen, da die Haftfestigkeit gegeben sein muss. Des Weiteren muss überprüft werden, dass das Bauteil Staubfrei, Fettfrei sowie Feuchtefrei ist.

Die Ausgangszustände bei unbeschichteten Stahloberflächen wird in unterschiedlichen Rostgraden angegeben:

- •Rostgrad A
- •festhaftender Zunder, frei von Rost

- •Rostgrad B
- •Zunderabblätterung mit beginnender Rostbildung

- •Rostgrad C
- •Zunder meist abgerostet, ansatzweise Rostbildung

- •Rostgrad D
- •Zunder abgerostet, Rostnarben sichtbar

Der jeweilige Rost Grad ist ausschlaggebend für das Erscheinungsbild der Oberfläche. Nähere Informationen sind in der ISO 8501-01 nachzulesen.

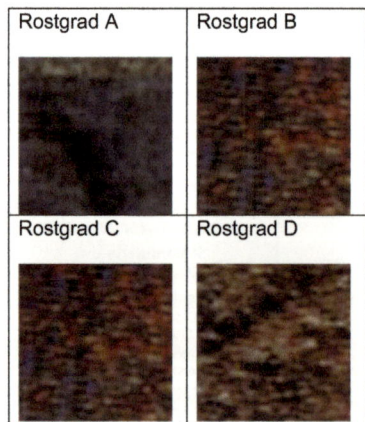

Rostgrad A	Rostgrad B
Rostgrad C	Rostgrad D

5.3   Fehler an unbeschichteten Stahloberflächen

Weitere Beschädigungen an den Bauteilen können aus den Walz- und Fertigungsprozessen kommen. Bevor die Oberflächenvorbereitung beginnt, müssen diese abgeschliffen und beseitigt werden. Es gibt verschiedene Orte wo die Fehler auftreten können.

Fehler an unbeschichteten Stahloberflächen

Fehler aus dem Walzprozess	Rückstände aus der Fertigung	Fehler aus der Fertigung
-> Überwaltzung -> Schalen hierdurch können sich flüssigkeiten einlagern und es entstehen entsprechende Fehlstellen.	An den Bohrungen sowie Schnittkanten könen Gratbildungen entstehen. Des Weiteren können Brennschneidkanten zu Unterschichtdicken bei Beschichtungen führen.	Porige und grobschuppige Schweißnähte, Einbrandkerben können zu Unterschichtdicken und Einlagerung vor Korrosionsfördernden Stoffen führen und müssen somit beseitig werden.

Oberflächenrauheit von unbeschichteter Metalloberflächen

Unter den Begriff Rauheit versteht man, dass dreidimensionale Oberflächenprofil. Diese bestehen aus Rauheitstälern und –bergen.

Die Rauheit setzt ist primär aus folgenden Faktoren zusammen:

→ Primärrauheit: Rauheit vor der Oberflächenbehandlung
→ Sekundärrauheit: Rauheit nach der Oberflächenbehandlung

Die Rauheit wird in der Regel durch die Rau tiefe µm angegeben und kann mittels Messgerät ermittelt werden.

15

6. Überprüfung der Oberfläche

Diverse Korrosionsbedingungen erfordern eine reine Oberflächenreinheit. Um alle Verunreinigungen ausschließen zu können, müssen weitere Prüfungen auf lösliche Salze, Fett, Staub etc. die mit bloßen Auge nicht sichtbar sind durchgeführt werden. Diese Prüfungen finden nach der Norm ISO 8502 statt.

6.1   Klebeband-Test

Der Nachweis von Staub, Schmutz oder ähnlich Verschmutzungen wird über den Klebeband-Test nachgewiesen. Hierbei erfolgt die Prüfung über zwei vergleiche. In der Norm EN ISO 8502-3 wir der Klebeband-Test genau erläutert.

Die Durchführung des Klebeband-Test

Für den Klebebandtest wird ein transparentes Klebeband von 25mm Breite benötigt. Anschließend wird ein ca. 150mm langer Streifen des Klebebandes auf die vorbereitete Oberfläche gelegt und mit dem Daumen fest angedrückt. Anschließend wird der Streifen abgezogen und auf einen hellen Untergrund geklebt. Die Auswertung der Oberfläche erfolgt mit Vergleichsmustern aus der ISO 8502-3. An einigen Bauteilen treten häufig Verunreinigungen auf die man mit dem bloßen Auge nicht war nehmen kann.

Staubmenge 0	Die Partikel auf der Oberfläche sind bei zehnfacher Vergrößerung nicht sichtbar
Staubmenge 1	Hier sind die Partikel bei zehnfacher Vergrößerung sichtbar, jedoch nicht mit dem normalen Sehvermögen
Staubmenge 2	Einzelne Partikel sind Sichtbar bei korrigiertem Sehvermögen.
Staubmenge 3	Alle Partikel auf dem Bauteil sind mit normalem oder korrigiertem Sehvermögen sichtbar.
Staubmenge 4	Partikel sind zwischen 0,5mm und 2,5mm (Durchmesser) groß.
Staubmenge 5	Die Partikel auf dem Bauteil sind größer als 2,5mm (Durchmesser)

6.2 Bresle-Test

Wenn die Beschichtung auf eine schlecht vorbereitete, verunreinigte Oberfläche aufgebracht wird, kann dies zum Versagen der Beschichtung führen. Zur Qualität und optimalen Lebensdauer einer Beschichtung ist es wichtig, vor ihrem Aufbringen den Kontaminationsgrad der zu beschichtenden Oberfläche zu. Hierbei hilft der Bresle-Test.

Die Durchführung ist wie folgt:

Ein selbstklebendes Pflaster mit einer Aussparung in der Mitte das zur Aufnahme des Lösemittels dient, wird auf die zu testende Oberfläche am Bauteil geklebt. Das Lösemittel (desionisiertes Wasser) wird mit einer Spritze in die Aussparung des Pflasters injiziert und dann wieder in die Spritze gesaugt. Dieser Vorgang wird 3-4x wiederholt. Anschließend wird das Lösemittel dann zur Analyse in ein geeignetes Gefäß gegeben.

Mittels eines geeigneten Leitfähigkeitsprüfers wird die Menge der auf der Oberfläche befindlichen, löslichen Verunreinigungen ermittelt.

Die Überprüfung der zu ermittelnden Kontamination ist täglich vor Beginn der Beschichtungsarbeiten durchzuführen.

6.3 Schichtdickenprüfung

Es ist wichtig, dass während der Beschichtungsarbeiten kontinuierlich die Schichtdicke am Bauteil kontrolliert wird, um ihre Funktionalität und Langlebigkeit zu gewährleisten. Hierzu ist es erforderlich, die entsprechenden Schichtstärken zu protokollieren. Die geforderte Mindestschichtdicke muss am Bauteil überall erreicht sein.

Als maximale Schichtdicke in den Reparaturbereichen muss das 2,5-fache NDFT einhalten. Für kleine Bereiche am Bauteil bis max. Handflächengröße könnte auch das 3 Fache der NDFT akzeptiert werden.

6.4 Nachweis von Ölen, Fetten etc.

Da viele Verunreinigungen auftreten können, die mit bloßem Auge nicht sichtbar sind, gibt es verschiedene Verfahren, um die vorbezeichneten Verunreinigungen nachzuweisen. Kein einzelnes Verfahren ist für sich in der Lage, alle vorkommenden Verunreinigungen zu erkennen. Daher müssen verschiedene Verfahren in Abhängigkeit von zu erwartend Verunreinigungen aufeinander abgestimmt werden.

7. Verunreinigungen

7.1 Verunreinigungen

Die Arten von Verunreinigungen lassen sich in zwei Kategorien einteilen.

➔ Artfremde Verunreinigungen = diese sind aufgrund physikalischer Adsorptionsvorgänge an der Oberfläche des Grundwerkstoffs angelagerte Stoffe. Die Entfernung der Verunreinigung kann ohne Materialabtrag erfolgen.

Arteigene Verunreinigungen	Herkunft	Entfernung
Rost	Elektrochemische Reaktion von Sauerstoff, Eisen u. Wasser.	Beizen in Salz oder Schwefelsäure
Walzhaut	Thermische Behandlung (hohe Temperaturen)	Beizen in Salz oder Schwefelsäure, Wasserstrahlen, Flammenstrahlen.

➔ Arteigene Verunreinigung = diese sind durch chemische Reaktionen mit dem Grundwerkstoff entstanden. Die Entfernung der Verunreinigung erfolgt immer mit Flächenabtrag vom Material.

Artfremde Verunreinigungen	Herkunft	Entfernung
Staub	Lagerung	Abbürsten, Abblasen
Öle und Fette	Gewindeschneidöl, Ziehfette etc.	Lösemittel oder alkalische Reiniger

7.2 Verunreinigungen Arten

Artfremde Verunreinigungen	Herkunft	Entfernung
Schlackereste	Brennschneiden, Schutzgas-schweißen	Mechanische Mittel, abklopfen
Salze aus anorganischen Säuren	Rückstände aus Beizprozessen, Handschweißen	Abwaschen mit Reinigern, Dampfstrahlen
Alte Überzüge (Metallisch)	Feuerverzinkung	Beizen in Salzsäure
Altbeschichtung (unterschiedliche Alterszustände)	Beschichtungsverfahren	Sauren Lackentferner oder Abbeizen

8. Applikation

8.1 Applikationsverfahren

Es gibt verschiedenen Applikationsverfahren um Beschichtungsstoffe aufzutragen. Die richtige Wahl hängt von Faktoren wie dem Beschichtungsstoff, die Größe der zu beschichtenden Oberflächen, den zu beschichtenden Objekt, von der Anzahl etc.

Einige Methoden lauten wie folgt:

Beschichtungsverfahren	Vorteile	Nachteile
Rollen	→ Bessere Flächenleistung → Einfaches Verfahren → Einfach Werkzeuge	→ Ungleichmäßige Schichtdicke → Schlechter Verlauf
Streichen	→ Einfaches Verfahren → Benetzung aller Poren → Keine Verschmutzung durch Spritznebel → Wirtschaftlicher	→ Geringere Flächenleistung → Mögliche Pinselfurchen → Der Verlauf ist oft mangelhaft
Spachteln	→ Einfaches Verfahren	→ Wie auch beim Streichen eine geringe Flächenleistung

Des Weiteren gibt es noch das Spritzverfahren. Bei diesen Verfahren wird das Material mit mechanischen Kräften durch Druckluft in feinen Staub zerstäubt. Dieser Farbstaub verteilt sich anschließend auf dem Bauteil. Der Vorteil vom Spritzverfahren, liegt daran, dass das Spitzgerät regelbar ist. Dadurch kann ein Saubreres Spritzbild erreicht werden. Durch die Zerstäubung der Farbe ist ein Nachteil, dass ein Starker Lacknebel entsteht. Hierfür sollte der Raum immer über eine gute Absauganlage verfügen.

8.2 Beschichtung

Grundbeschichtung	An einem Bauteil ist die erste Beschichtung im Beschichtungssystem die Grundbeschichtung. Diese wird hergestellt durch das Auftragen eines Grundbeschichtungsstoffes. Dieser haftet sehr gut auf ausreichenden aufgerautem Metall oder einer gereinigten alten Beschichtung. Die Grundbeschichtung bewirkt grundsätzlich erst einmal einen Korrosionsschutz bis zum Auftragen weiterer Beschichtungsstoffe im Rahmen des zulässigen Überarbeitbarkeitsintervalls. Wichtig ist, das eine Verträglichkeit der Grundbeschichtung zu den Folgebeschichtungen gewährleistet sein muss.
Sealer -> Versiegelungsbeschichtung	Hierbei wird ein unpigmentierter Beschichtungsstoff verwendet. Dieser wird auf ein saugendes Substrat aufgetragen, um die Saugfähigkeit des Substrates zu verringern und zu verfestigen. Für Antifouling Beschichtungen werden 1 oder 2 komponentiger Sealer als Haftvermittler verwendet.
Zwischenbeschichtung	Die Zwischenbeschichtung folgt nach den vorigen Verfahren. Diese Beschichtung soll Unebenheiten ausgleichen und leistet einen erheblichen Beitrag zum Erreichen der Sollschichtdicke. Er erhöht zeitlich die Barrierewirkung. Es muss gewährleistet sein, dass die zuvor aufgetragene Grundbeschichtung mit der Zwischenbeschichtung kompatibel ist. Diese kann beim Hersteller erfragt werden.
Deckbeschichtung	Der letzte Schritt der Beschichtung ist die Deckbeschichtung. Diese hat die Aufgabe, die darunterliegenden Schichten vor Umgebungseinflüsse zu schützen. Des Weiteren soll sie die erforderliche Farbe darstellen. Die Aufgaben der Deckbeschichtung haben unteranderem eine dekorative Funktion (Verschönerung), Schutzfunktionen vor Witterungseinflüsse, biologische/chemische Einflüsse, mechanische Beanspruchung sowie Spezialfunktionen wie Warnung, Reflexion, Brandschutz etc.

8.3 Beschichtung

Deckbeschichtung	
Zwischenbeschichtung	
Zwischenbeschichtung	
Grundbeschichtung	
Stahl